地球的生命故事

中国古生物学家的发现之旅

总主编 戎嘉余

第二辑 璀璨远古

寻找地层的“金钉子”

张元动 著

江苏凤凰科学技术出版社·南京

图书在版编目（CIP）数据

寻找地层的“金钉子” / 张元动著. — 南京 : 江苏凤凰科学技术出版社, 2024.9

（地球的生命故事 : 中国古生物学家的发现之旅. 第二辑 : 璀璨远古）

ISBN 978-7-5713-4204-3

Ⅰ. ①寻… Ⅱ. ①张… Ⅲ. ①地层剖面 – 普及读物 Ⅳ. ①P53-49

中国国家版本馆CIP数据核字(2024)第028922号

地球的生命故事——中国古生物学家的发现之旅

（第二辑　璀璨远古）

寻找地层的“金钉子”

总 主 编 戎嘉余
著　　者 张元动
责任编辑 马　譞　傅　昕
封面绘制 谭　超
责任设计编辑 蒋佳佳
责任校对 仲　敏
责任监制 刘　钧

出版发行 江苏凤凰科学技术出版社
出版社地址 南京市湖南路1号A楼，邮编：210009
编读信箱 skkjzx@163.com
照　　排 江苏凤凰制版有限公司
印　　刷 盐城志坤印刷有限公司

开　　本 718 mm × 1 000 mm 1/16
印　　张 4
字　　数 100 000
版　　次 2024年 9 月第 1 版
印　　次 2024年 9 月第 1 次印刷

标准书号 ISBN 978-7-5713-4204-3
定　　价 24.00元

序言

摆在读者面前的是一套由中国学者编撰、有关生命演化故事的科普小丛书。这套丛书是中国科学院南京地质古生物研究所的专家学者献给青少年的一份有关生命演化的科普启蒙礼物。

地球约有46亿年的历史，从生命起源开始，到今日地球拥有如此神奇、斑斓的生命世界，历时约38亿年。在漫长、壮阔的演化历史长河中，发生了许许多多、大大小小的生命演化事件，它们总是与局部性或全球性的海、陆环境大变化紧密相连。诸如5亿多年前发生的寒武纪生命大爆发，2亿多年前二叠纪末最惨烈的生物大灭绝等反映生物类群的起源、辐射和灭绝及全球环境突变的事件，一直是既困扰又吸引科学家的谜题，也是青少年很感兴趣的问题。

我国拥有不同时期、种类繁多的化石资源，为世人所瞩目。20世纪，我国地质学家和古生物学家不畏艰险，努力开拓，大量奠基性的研究为中国古生物事业的蓬勃发展做出了不可磨灭的贡献。在国家发展大好形势下，新一代地质学家和古生物学家用脚步丈量祖国大地，不忘经典，坚持创新，取得了一系列赢得国际古生物学界赞誉的优秀成果。

2020年7月，中国科学院南京地质古生物研究所和凤凰出版传媒集团联手，成立了"凤凰·南古联合科学传播中心"。这个中心以南古所科研、科普与人才资源为依托，借助多种先进技术手段，致力于打造高品质古生物专业融合出版品牌。与此同时，希望通过合作，弘扬科学精神，宣传科学知识，能像"润物细无声"的春雨滋润渴求知识的中小学生的心田，把生命演化的更多信息传递给中小学生，期盼他们成长为热爱祖国、热爱科学、理解生命、自强自立、健康快乐的好少年。

这套丛书，是在《化石密语》（中国科学院南京地质古生物研究所70周年系列图书，江苏凤凰科学技术出版社出版，2021年）的基础上，由很多作者做了精心的改编，随后又特邀一批年轻的古生物学者对更多门类展开全新的创作。本套丛书包括八辑：神秘远古，璀璨远古，繁盛远古，奇幻远古，兴衰远古，绿意远古，穿越远古，探索远古。每辑由四册组成，由30余位专家学者撰写而成。

这个作者群体，由中、青年学者担当，他们在专业研究上个个是好手，但在科普创作上却都是新手。他们有热情、有恒心，为写好所承担的部分，使出浑身解数，全力协作参与。不过，在宣传较为枯燥的生命演化故事时，要做到既通俗易懂、引人入胜，又科学精准、严谨而不出格，还要集科学性、可读性和趣味性于一身，实非一件“驾轻就熟”的易事。因此，受知识和能力所限，本套丛书的写作和出版定有不周、不足和失误之处，衷心期盼读者提出宝贵的意见和建议。

为展现野外考察和室内探索工作，很多作者首次录制科普视频。讲好化石故事、还原演化历程，是大家的心愿。翻阅本套丛书的读者，还可以扫码观看视频，跟随这些热爱生活、热爱科学、热爱真理的专家学者一道，开启这场神奇的远古探险，体验古生物学者的探索历程，领略科学发现的神奇魅力，理解生命演化的历程与真谛。

这套崭新的融媒体科普读物的编写出版，自始至终得到了中国科学院南京地质古生物研究所的领导和同仁的支持与帮助，国内众多权威古生物学家参与审稿并提出宝贵的修改建议，江苏凤凰科学技术出版社的编辑团队花费了极大的精力和心血。谨此，特致以诚挚的谢意！

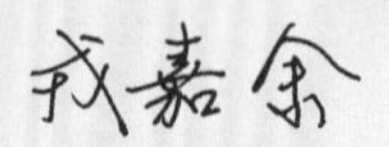

中国科学院院士

中国科学院南京地质古生物研究所研究员

2022年10月

目　录

生命进化史示意图（谭超绘制）

1. 何为“金钉子”？

何为“金钉子”？

在浩瀚的宇宙中，46 亿岁高龄的地球日复一日、沧海桑田地变化着。数以亿计的生物曾在这颗蓝色星球上生存、繁衍，它们比人类历史更久远，比文明出现得更早。它们身上承载着地质历史上各种精彩纷呈的故事，隐藏着生命进化史中众多扣人心弦的秘密。在遥远的、文明不曾触及的远古洪荒中，为了生存曾进行长途跋涉的众多物种在死后沉入深海，被封存挤压在层层叠叠的岩石里。随着海陆变迁等地壳运动的作用，数亿年后才出现的人类欣喜地发现，这些保存在岩石中的远古生物，虽然时间在它们身上已悄然停止，但精彩的地质故事依旧鲜活。

在地质历史时期，生物在死亡后，其遗体被沉积物迅速埋藏，随着岁月的流逝，经过漫长复杂的“石化”

过程，最终形成化石。但也存在特例，有些生物虽然被埋藏，如西伯利亚永久冻土中的猛犸象、琥珀中的昆虫（图 1-1），但仍保留原有的组织结构，没有成功石化。由于它们生活的时代非常古老，部分生物甚至早已灭绝，这些往往也被称为化石。据科学家们估算，远古生物在死亡后，有万分之一的可能保存为化石；而化石深埋于地下，顶多有万分之一的机会被人类发现。化石之珍稀，可见一斑。

图 1-1　琥珀中的昆虫

根据保存特点，化石可分为四类：实体化石、模铸化石、遗迹化石和分子化石。实体化石通常指生物遗体的全部或一部分成为化石，大多是生物的硬体部分，如外壳、骨骼等（图 1–2）。模铸化石一般是远古生物的遗体被埋藏后在围岩、填充物中留下的各种印模或铸型，而非生物遗体本身形成的化石，可进一步细分为印模化石、印痕化石、核化石、铸型化石等（图 1–3）。遗迹化石指远古生物生活的痕迹或遗物，如粪便、足迹、掘穴、钻孔等（图 1–4）。分子化石又称作化学化

图 1–2　恐龙的实体化石

图 1–3　腕足动物的印模化石

图 1–4　恐龙的足迹化石（2008 年摄于美国丹佛的恐龙山脊）

石，是指地层中那些来自史前生物有机体的、较为稳定的有机分子，包括蛋白质、糖类、类脂物和木质素等。

我们常说“五千多年的中华文明史”，文字和考古遗址给人类留下最直观、最准确的资料记录，但这些也只能追溯到几千年前的“有史时代”，而这个时长还不到整个地球历史的百万分之一。在研究地球历史时，人们仿用了历史研究中划分朝代的方法，将漫长的地球历史拆分成不同的地质时代，其中最长的地质时代单位是宙，其下依次是代、纪、世、期、时，时代长度依次递减（图 1–5）。同时，科学家将形成于不同地质时代的地层称为年代地层单位，分为宇、界、系、统、阶、时带，与上述的地质时代分别对应（表 1）。

对于地质时代单位和年代地层单位，大家是不是觉得二者难以分辨？其实很简单：如果我们提到“奥陶纪”，那么实际含义指的是一段特定的地质历史时期（距今 4.85 亿—4.44 亿年，延续约 4 000 万年）；但如果提到“奥陶系”，则是指在“奥陶纪”时期形成的那一段地层，如果说到“下奥陶统”，就是指在“早奥陶世”时期形成的地层。

国际年代地层表

国际地层委员会

v 2023/09

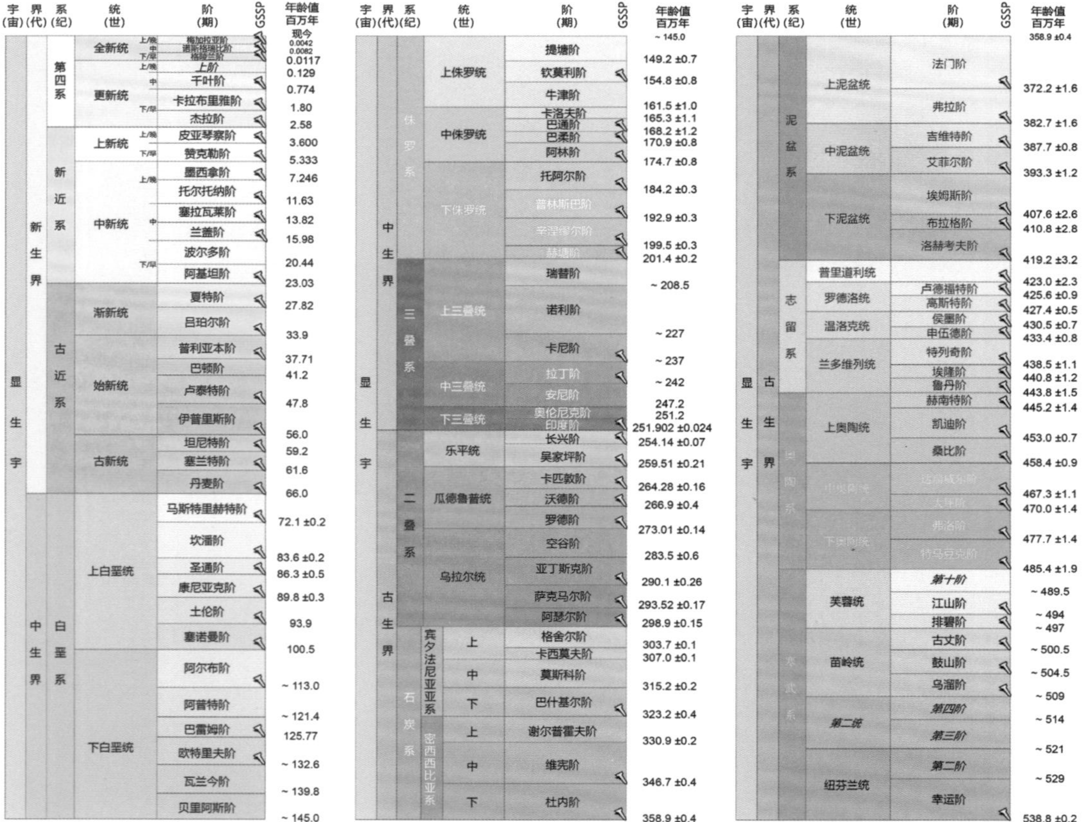

所有全球年代地层单位均由其底界的全球界线层型剖面和点位（GSSP）界定，包括长期由全球标准地层年龄（GSSA）界定的太古宇和元古宇各单位。斜体代表非正式名称或尚未命名单位的临时名称。图件及已批准GSSP的详情参见国际地层委员会官网。本图件的网址见右下角。

年龄值仍在不断修订；显生宇和埃迪卡拉系的单位不能由年龄界定，而只能由GSSP界定。显生宇中没有确定GSSP或精确年龄值的单位，则标注了近似年龄值（~）。

已批准的亚统/亚世简写为上/晚、中、下/早；第四系、古近系上部、白垩系、侏罗系、三叠系、二叠系、寒武系和前寒武系的年龄值由各分会提供；其他年龄值引自Gradstein等主编的《地质年代表2012》一书。

所图中各单位的颜色参照了世界地质图委员会发布的色谱(http://www.ccgm.org)。

CCGM CGMW

本图件由K.M. Cohen、D.A.T. Harper、P.L. Gibbard和N. Car绘制

引用：Cohen, K.M., Finney, S.C., Gibbard, P.L. & Fan, J.-X. (2013; updated) The ICS International Chronostratigraphic Chart. Episodes 36: 199-204.

本图件网址：
http://www.stratigraphy.org/ICSchart/ChronostratChart2023-09Chinese.pdf

图 1-5　国际年代地层表

表 1　地质历史单位表

地质时代单位	年代地层单位
宙	宇
代	界
纪	系
世	统
期	阶
时	时带

作为地球历史最忠实的记录者，组成原始地壳的层叠地层像是一部硕大无朋的“无字天书”（图 1–6），而化石则是这部皇皇巨著中最特别的密码和符号。如果说地层划分是为这本“天书”标记页码，那被称为“金钉子”的地质剖面则相当于这本“天书”中的“黄金页码”。

“金钉子”是专业术语“全球界线层型剖面和点位”（Global Boundary Stratotype Section and Point，简称“GSSP”）的俗称，因为是对全球地层的统一划分，地球历史的每个时代篇章有且仅有一颗“金钉子”。那么这个全球唯一的标准由哪个国家说了算呢？每个国家都希望自己说了算，都希望由自己制定评判

图 1–6　叠覆的地层

标准，因此产生了异常激烈的国际竞争。

入围“金钉子”的条件非常苛刻：（1）地层出露连续，发育完整，不存在重大的岩性和岩相变化，没有受到后期构造作用的改造和破坏；（2）“金钉子”剖面需产出丰富的、可进行区域和全球对比的多门类生物化石；（3）“金钉子”剖面应确立在政治环境稳定、社会环境安全、交通便利的地区，以满足各国专家学者的考察参观，以及地质爱好者和学生的研学活动。

“金钉子”的确立，涉及地学领域多个学科长达数年乃至数十年的综合研究，需要经历相关国际组织的多次考察、审核、反复论证和协商，还要经历相关国际组织多轮次的、激烈的投票表决，最终才有望获得批准。

“金钉子”一旦确立，其所在地就成为国际地质学某一特定地质时代起点的唯一标准参照地。因此它的确立是地质学研究的一项至高荣誉，标志着一个国家在这一领域的地质学研究成果达到了世界先进乃至领先水平，历来是世界地质学研究的热点和地质学家奋力抢占的世界科技制高点。

“金钉子”的来历

“金钉子”和“银钉子”

金钉子，顾名思义，就是用黄金制成的钉子，英文名为“Golden Spike”。1869 年 5 月 10 日，连接大西洋和太平洋、横穿北美大陆的铁路在美国建成贯通，美国中央太平洋铁路公司（负责从西向东修建）和联合太平洋铁路公司（负责从东向西修建）为了纪念“铁轨合拢”这一历史性时刻，专门用 18K 黄金打造了一颗铁路道钉，并在数千人的见证下，在铁轨合拢地——美国犹他州的突顶峰，隆重地但象征性地将这颗钉子铆入铁轨的最后一条枕木中（图 1–7）。仪式结束后，这颗特殊的金钉子被私人收藏，并于 1892 年被捐献给斯坦福大学博物馆，得以向公众展示。

后来，地质学家引用这个美国铁路修建史上的“金钉子”故事，将全球界线层型剖面和点位俗称为“金钉子”，以体现它的历史性、

图 1–7　油画《最后的道钉》（Thomas Hill, 1881）

重要性和唯一性。但对某一个特定的地质历史时期而言，全球不同地区往往保存不同的地质记录，通常没有任何一处地质记录是完美无缺的，即便被确立为“金钉子”的地层剖面和点位亦如此。

为了弥补现有“金钉子”的不足，国际地层委员会授权下属的各断代地层分会（如奥陶系分会），可为每一颗正式确立的地层“金钉子”遴选 1~2 个补充性的、辅助性的界线层型剖面和点位，即“全球辅助界线层型剖面和点位”（Global Auxiliary Boundary Stratotype Section and Point，缩写为“ASSP”），俗称“银钉子”。

2. 逆境奋起

如何定义“金钉子”？

由于缺乏公认的统一标准或“共同语言”，以往世界各国对年代地层的划分差异极大，造成全球范围内地层时代的确定和对比十分困难。1965 年，国际地层委员会正式成立。它以建立全球统一的、定义精确界线的年代地层系统和年代地层表作为主要工作目标，以解决各“系”之间界线的精确划分问题为首要任务，并相继成立相邻“系”之间界线的国际工作组，如前寒武系–寒武系、寒武系–奥陶系、志留系–泥盆系的界线工作组等。自此，地层学领域进入规范年代地层划分的新时期，世界各国也陆续开展全球各系的界线层型剖面的研究。

1972 年，国际志留系–泥盆系界线工作组在 10 余年的研究基础上率先取得突破，提出用“界线层型”确定年代地层界线。他们在捷克首都布拉格附近的 Klonk 剖面中，以“均一钩笔石”这种化石在该剖面的首次出现层位划定出志留系–泥盆系的界线（图 2–1）。这项开创性的研究得到了国际地层委员会和国际地质科学联合会（简称“国际地科联”）的重视和肯定，并于当年举行的第 24 届国际地质大会上，被批准作为志留系–泥盆系之间界线的全球地层划分的标准。Klonk 剖面也因此成为世界首颗“金钉子”。其后，在国际地层委员会的大力倡导和不断完善下，Klonk“金钉子”剖

图 2–1　志留系–泥盆系的界线“金钉子”——Klonk 剖面远景和“金钉子”标志碑（右下角白色挡板指示界线位置，梁昆供图）

面的确立规则在全球学术界得到广泛认同和推广，最终发展成现在的“金钉子”概念及其确立准则。

随着首个“金钉子”剖面的确立，全世界掀起了轰轰烈烈地寻找“金钉子”热潮。但我国的“掘金”之旅并非一帆风顺。我国“金钉子”研究比国际同行起步晚了10余年，在1977年才正式开始参加国际地层委员会的活动。在其后20年的时间里，虽然前辈科学家们踏踏实实研究我国地层剖面，积极参与各项国际竞争，却因种种原因，一再受挫。在这里，我想分享一下我国竞争寒武系底界“金钉子”的故事。

1977年冬，云南省地质科学研究所和中国地质科学院的地质学家在云南开展全球前寒武系–寒武系界线层型的研究，开启了我国全球年代地层研究的历史。以罗惠麟、邢裕盛等专家为首的研究团队，在短短的几年里，在前人研究的基础上，对云南省昆明市晋宁区梅树村剖面的前寒武系–寒武系界线地层做了多学科综合研究，研究内容涉及年代地层学、岩石地层学、生物地层学、磁性地层学、同位素测年分析，以及小壳化石、遗迹化石、微古植物、疑源类等多门类系统古生物学的研究，这些重要进展大大提高了梅树村剖面的研究水平（图2–2）。

图 2–2　梅树村剖面（唐烽供图）

1978 年 10 月，国际前寒武系–寒武系界线工作组和国际地质对比计划 IGCP 29 号项目（即“前寒武系–寒武系界线”项目，简写为“IGCP 29”）的成员在考察梅树村剖面后，对中国扎实可靠的地层学研究表示认可，梅树村剖面就此跻身于竞争寒武系底界的全球层型候选剖面之列。在此之前，国际前寒武系–寒武系界线工作组的历次会议从未考虑过我国包括梅树村剖面在内的任何一条前寒武系–寒武系界线剖面。工作组原先认为只有俄罗斯西伯利亚和加拿大纽芬兰是确立寒武系底界“金钉子”最有潜力的地区。

1983 年 5 月，在英国布里斯托大学再次举行国际前寒武系–寒武系界线工作组会议，详细讨论了世界各地该界线的“金钉子”候选剖面，结果中国云南的梅树村剖面、俄罗斯西伯利亚的乌拉汉—苏鲁古尔剖面、加拿大纽芬兰南部布林半岛上的某些剖面（当时无具体剖面）同时被选为最后三个“金钉子”候选剖面。后来，西伯利亚的乌拉汉—苏鲁古尔剖面首先遭到否决，主要理由包括：（1）剖面到达有困难；（2）不适于同位素测年；（3）不是单一岩相地层，而且地层不连续；（4）候选点位附近存在构造不整合面和相变。

1983 年 12 月，加拿大纽芬兰地区仍未能提出具体的前寒武系–寒武系界线候选剖面，更无令人满意的划界标准。在这种情况下，国际前寒武系–寒武系界线工作组决定对中国梅树村剖面进行通讯表决，两轮的投票结果均得到明显多数票支持（两轮表决得票率均接近 80%），工作组赞成将这条界线的“金钉子”放在中国梅树村。1984 年 5 月，国际前寒武系–寒武系界线工作组组长科威教授宣布了以上表决结果和工作组的决定：提议中国的梅树村剖面作为唯一的候选“金钉子”剖面，采用小壳化石作为标准化石（图 2–3），并将提案报告递交至第27届国际地质大会进行讨论，然后交由国际地层委员会表决，并计划在1985年提至国际地科联以期批准。至此，这颗“金钉子”似已落定梅树村。

然而，就在梅树村剖面被接受为全球唯一候选层型剖面的当年，我们的竞争对手——加拿大纽芬兰剖面的研究专家，极力反对将梅树村剖面作为“金钉子”候选

图2-3　寒武纪早期的小壳化石（唐烽，2020）

剖面，对采用小壳化石作为标准化石的可靠性提出质疑，并进行国际游说。其实，早先论证“金钉子”候选剖面时，国际前寒武系–寒武系界线工作组经过反复考查、论证、表决，已确定用小壳化石来定义这条界线。但加拿大纽芬兰的地层以碎屑岩为主，界线候选剖面主要产遗迹化石；虽然剖面上也产小壳化石，但产出层位不符合工作组确定的“使界线尽量接近小壳化石的首现”的原则。

为了推翻工作组的决定，最好的途径是否定这个划界标准。由于西伯利亚剖面已遭淘汰，国际上的质疑便直接针对中国的梅树村剖面，他们提出梅树村剖面的界线地层与冈瓦纳大陆之外的地层难以对比，剖面的小壳化石存在延限长、变异大、分类过细、埋藏情况不明、地理分布局限等“缺陷”。

与此同时，以纽芬兰剖面研究者为代表的有关科学家开始“小动作”。他们极力游说用遗迹化石来定义前寒武系–寒武系界线的种种好处，以及纽芬兰剖面的优越性：遗迹化石在碎屑岩地层中极为常见，且全球前寒武系–寒武系界线层段有70%的地层是碎屑岩；遗迹化石的地层延限短，且这类化石在寒武系的地理分布较为广泛；在纽芬兰的幸运角剖面根据遗迹化石建立的两个化石带，具有特征明显、相互连续且无地层重复的优点，类似的动物群演替在世界各地比比皆是，等等。这些国际舆论使得本已呼声甚高的梅树村剖面逐渐陷入不利地位，尽管梅树村剖面也产有遗迹化石。

1984 年 8 月，在莫斯科举行的第 27 届国际地质大会讨论中，一些寒武系分会选举委员提出，将中国梅树村剖面作为“金钉子”剖面存在较为严重的对比局限性。根据会议讨论结果，界线工作组认为应该在梅树村“金钉子”提案报告之后，增加一个由前寒武系–寒武系界线工作组组长和 IGCP 29 号项目负责人签署的“莫斯科附款”。这个“附款”列举了工作组和寒武系分会选举委员对梅树村剖面的投票结果，同时声称“仍有迫切需要将中国剖面与其他地区剖面做更为精确和详细的对比”，并建议“在现阶段推迟表决可能比接受中国的剖面更为明智”。梅树村“金钉子”的提案报告因此被国际地层委员会退回到前寒武系–寒武系界线工作组，并要求重新评估界线（寒武系底界）的定义。虽然这个决定并未否决梅树村剖面的候选地位，但这个举动对中国剖面冲击“金钉子”带来了无法估量的负面影响。

推迟表决梅树村剖面，有利于竞争对手加快对纽芬兰剖面的研究。这样一拖就是 6 年，直至纽芬兰剖面的研究者完成对幸运角剖面的全面研究，并采用遗迹化石“足状锯形迹”的首现定义寒武系底界。1990 年，前寒武系–寒武系界线工作组组长科威教授要求最初选定的三个候选剖面的研究团队，再次提交“金钉子”剖面的提案报告。1991 年 1 月，加拿大纽芬兰幸运角剖面以 52% 的得票率胜出。虽然这三个候选剖面都未达到所需的 60% 得票率，但根据规则，中国的梅树村剖面和俄罗斯的乌拉汉—苏鲁古尔剖面惨遭淘汰。1992 年，在东京举行的第 29 届国际地质大会上，该结果经国际地层委员会表决通过并得到国际地科联的批准，寒武系底界的“金钉子”最终落户纽芬兰岛幸运角剖面（图 2–4）。

但其实，幸运角剖面的这颗“金钉子”既不合理，也未得到有效应用。时至今日，各国学者仍采用不同的对比标志来定义寒武系底界。尽管国际地层委员会早在 1992 年就指定三维空间分布的“足状锯形迹”遗迹化石作为标准化石，但现在的研究人员普遍认为这一标志很难在全球得到对比应用，并建议重新选择寒武系底界

图 2–4　寒武系底界“金钉子”剖面——加拿大纽芬兰岛幸运角剖面（刘伟供图）；右下角为“足状锯形迹”遗迹化石（杨宇宁供图）

的定义物种。2012 年，在澳大利亚布里斯班举行的第 34 届国际地质大会上正式成立“寒武系纽芬兰统幸运阶国际工作组”，试图厘清现阶段不同定界标准之间的相互时序关系，希望更好地在世界各地识别和对比该条界线。

尽管可能由于一些非学术的因素，最有希望的梅树村剖面最终无缘“金钉子”，但当年冲击中国首颗“金钉子”的过程中，前辈学者们付出的巨大努力和对全球地层对比作出的杰出贡献，极大提升了我国年代地层的研究水平！

3. 艰难博弈

我国第一个“金钉子”的建立过程

最初，国际上在设计和讨论确立“金钉子”的理论、规则、方法和程序时，既缺乏中国的资料，又无中国学者参与制定，这是极大的缺憾。当时，由于我国与国际的地质学研究存在一定脱节，加之部分西方学者对中国的固有偏见，我国的“金钉子”研究迟迟未能取得成功。直到 1997 年，对浙江省常山县黄泥塘剖面的系统深入研究才实现了中国地层“金钉子”零的突破，中国学者确立的年代地层划分标准首次得到全球认可。

故事得从 1990 年说起。那年，我在导师陈旭研究员的指导下，在浙赣两省交界的“三山地区”（江山—常山—玉山）采集博士论文所需的笔石化石材料。1990 年 9 月，第 4 届国际笔石大会在“三山地区”进行野外路线考察，那里的奥陶纪中期地层（当时还只能沿用英国的传统划分标准，称其为“阿仑尼格期”和“兰维恩期”）极为发育，序列完整且连续，化石标本保存精美，给与会的各国专家留下极为深刻的印象。1991 年，第 6 届国际奥陶系大会在澳大利亚召开，会上成立了以陈旭老师为首、包括美国和澳大利亚等国优秀专家在内的奥陶系国际界线工作组（图 3–1），研究论证在“三山地区”确立中奥陶统达瑞威尔阶底界“金钉子”的可能性。

图 3–1　我国第一颗“金钉子”研究工作组的主要成员（从左向右依次为：弗洛伦廷·帕里斯、巴里·威比、陈旭、张元动，1998 年摄于揭牌典礼）

“三山地区”是当时浙江西部与江西东北部最落后的地区之一，交通闭塞，各项条件都异常艰苦。野外工作的生活困苦其实不算什么，最大的问题是工作条件相当艰难，陈旭老师和我甚至在那儿发生过两次生命危险。

第一次是在1991年。由于江山市的拳头棚剖面非常远，陈旭老师带着我狠心花钱租了一辆小型机动三轮车（大家戏称之为“嘭嘭嘭”）前往剖面。因为当时的科研经费非常紧张，每一分钱都要精打细算用到刀刃上。若在平时，我们肯定步行前往剖面，但那个剖面实在太远了，步行会将宝贵的科研时间浪费在路途上。我和陈旭老师坐在手工焊接的简陋车厢内，车主粗略检查车辆状况后就开车出发了。车主姓毛，我们都叫他“毛躁”。他也的确对得起这个称号，毫无驾车经验却胆子奇大。山路崎岖难行，我们坐在“嘭嘭嘭”里被颠得东倒西歪，胆汁都快颠出来了。“毛躁”为了在最短时间内把我们送到目的地，以便不耽误后续拉活，车速极快。突然一个急转弯，“嘭嘭嘭”翻车了。我们被狠狠地连人带车摔到地上，向外两尺就是陡峭的山崖，非常危险。陈旭老师身上多处受伤，鲜血直流，伤情严重；我的伤势较轻。大家吓坏了，赶紧去扶他，万幸的是，他还能走。但前不着村后不着店，我们辗转许久才找到一间狭小的乡村医务室。村医对大家进行了仔细检查和包扎，还好无大碍。陈旭老师裹着渗血的纱布继续赶往剖面，期间并未有任何休息，最终顺利完成了当天的工作量。

第二次是在1995年。我和南京地质古生物研究所的同事詹仁斌到黄泥塘剖面采集化石材料，挖掘许久都未见到好标本，俩人都有点沮丧。突然，一块保存非常精美的笔石标本出现了，我异常兴奋，当宝贝一样捧着，想立即坐下来用放大镜仔细看一看。但当时注意力全在标本上，我一屁股坐到草丛虚掩的山崖边，整个人头朝下脚朝上直直摔下数米深的山沟里。不幸中的万幸，落地时，我头部摔在沟底的软草上，距旁边的乱石滩和奔涌的山溪仅一掌之遥。我被摔得晕乎乎，躺在地上缓了一会儿，突然想起那块精美的笔石标本，赶紧起来四处翻找。詹仁斌当时在我身边采样，电光石火间没能抓住我，吓得不轻，一路跌跌撞撞找过来。他看到我灰头土脸地在地上疾速翻捡石块，猜是在寻找失落的标本，知道我应无大碍，悬着的心便放了下来。我们在沟底遍寻无果，遗憾至今。

言归正传。在“三山地区”，奥陶纪地层发育最好的地点便是黄泥塘剖面（图 3–2）。为了争取把奥陶系达瑞威尔阶底界的“金钉子”钉在中国，我们中方工作组奔赴常山数十次。我对常山地区的山川地形和石头草木实在太熟悉了，闭着眼睛都能画出那里的交通图和地质图。

图 3–2　黄泥塘剖面（摄于 1994 年）

黄泥塘剖面的“阿仑尼格期”和“兰维恩期”地层极为完整连续，放眼全球也无出其右者。当我们按照地层顺序由老到新逐层采集化石时，4 亿多年前的海洋生物面貌逐渐展现在我们眼前。它们与现生生物迥然不同的模样带给我极大震撼，原来生命就是这样跋山涉水、一步步演化成现代生物群的啊！“英国、美国、澳大利亚，没有保存如此好的剖面！”陈旭老师多年后在中央电视台的采访里激动地回忆道。这既是感谢地球给我们中国人的特别馈赠，也是提醒我们一定要抓住这千载难逢的宝贵机会。

其实，自然条件的恶劣、生活条件的艰苦相对容易克服，真正的难点是如何取得科学突破。奥陶纪是地球历史上海洋生物多样性急剧增长的一个关键时期。全球奥陶系的“金钉子”研究工作虽然肇始于1970年，但因诸多棘手难题而进展缓慢，甚至可以说是毫无建树。

这些难题主要有：（1）在奥陶纪，全球板块较为分散，各大板块拥有一套独立的年代地层框架；（2）全球多种沉积相并存，跨相区对比十分困难；（3）奥陶纪的化石门类多，生物地理和生态分异较为显著；（4）当时世界各国对奥陶系基本沿用100多年前的英国传统划分方案，该方案存在许多难以克服的严重缺陷。想按照中国标准建立一颗“金钉子”，需要推翻或者替代英国的地层划分方案，光是想想就难如登天，但好在前辈科学家们打下的研究基础给了我们敢于挑战百年传统的勇气和信心。

首先，“金钉子”工作组需要选择定义中奥陶统达瑞威尔阶底界的化石门类，笔石作为奥陶纪的主导生物门类脱颖而出。但当选择具体的笔石属种时，大家却犯了难。摆在我们面前有两个选择：（1）若使用基于英国模式标本的“直节对笔石”这一物种作标准化石，我们没有任何优势战胜英国；（2）若使用基于澳大利亚模式标本的“澳洲齿状波曲笔石”（图 3–3），我们需要花费大力气重新对这一类群进行详细彻底的、高水平的古生物学再研究，如它的结构特征、系统位置、演化关系和地理分布，等等。为了抓住这个极渺茫的成功机会，我们义无反顾选择了后者。

图 3–3　澳洲齿状波曲笔石（左图为扫描电镜照片，右图为光学照片）

当时国际上对澳洲齿状波曲笔石的了解非常粗略。在随后的多年时间里，我们采集了大量黄铁矿化的、立体保存的该种化石标本，我和陈旭老师在显微镜下用描绘器准确清晰地勾画这些笔石的微细结构，素描图攒了满满一大箱。我同时还利用当时最先进的扫描电子显微镜对笔石标本逐个进行观察研究和拍照，积累的数据刻满了好几张光盘。我们将国内的笔石标本与世界各国的相关材料逐个进行深入对比，同时开展分支系统学研究，重建了关键笔石类群的演化谱系。功夫不负有心人，我们的国际前沿研究最终很好地解决了上述疑难问题，并得到国际上的普遍认可。这为我们争取“金钉子”落户中国奠定了坚实基础。

为了确保万无一失，我们还要进一步解决不同剖面间化石物种的保存差异问题。我们选择了当时在国内还非常陌生的计算机图形对比法，并针对实际情况加以改进。当时计算机图形对比法主要在国外用于油气勘探，国内对其知之甚少。经过无数次的调整、测试，在反复的挫败与微小进步的交替中艰难前行，最终，我们成功解决了“金钉子”界线所要求的高精度划分对比问题。此后，这一方法被广泛应用于全球性地质事件和其他

“金钉子”研究中，发挥了巨大作用。

当时，我们的主要竞争对手是英国。那时候英国奥陶系研究的首席科学家是理查·福提教授。他极力维护英国奥陶系的传统划分方案，想通过厘定界线定义、发现更优质的新剖面等多种方式，把中奥陶统达瑞威尔阶底界的“金钉子”建在英国。福提教授在剑桥大学取得博士学位，师从国际著名的三叶虫大家威廷顿教授，在学生时代即已展露杰出的自然科学研究才华，外界尊称他是威廷顿教授的“三剑客”门生之一。与中国争夺“金钉子”时，福提教授早已是国际奥陶纪地层和古生物研究领域的泰斗级人物，学术地位显赫。福提教授对中奥陶统达瑞威尔阶底界的研究可谓了如指掌，短短几年时间里，他的研究团队在国际知名刊物上连续发表多篇反响巨大的学术论文，系统阐述了把达瑞威尔阶底界“金钉子”建在英国的优势和必要性。

1997 年，当我们最终把黄泥塘剖面的研究成果摆在国际地层委员会的专家面前时，福提教授知道，英国已经没有太多机会了。最终，中奥陶统达瑞威尔阶底界的“金钉子”落户浙江省常山县黄泥塘剖面，标准化石是澳洲齿状波曲笔石。2000 年，我得到英国皇家学会资助到福提教授所在的英国自然历史博物馆访问合作时，他对中国科学家在黄泥塘剖面的杰出工作大加赞赏，并认为这颗“金钉子”的确立是数十年来全球奥陶系研究最突出的进展。

在黄泥塘冲击“金钉子”的过程中，还有众多国外的顶级地质专家鼎力相助，尤其是美国纽约州立大学的查尔斯·米歇尔教授（图 3–4）。他在哈佛大学取得博士学位，专攻古生代的笔石动物化石研究，学术功底深厚，治学极其严谨。查尔斯·米歇尔教授对黄泥塘剖面极为推崇，并于 1990 年至 1998 年期间多次考察该剖面，他对这个剖面产出的黄铁矿化的、精美立体保存的笔石标本赞叹不已。我们深入合作并发表了多篇引领国际的学术论文。这些论文在推动黄泥塘剖面夺“金”过程中起了至关重要的作用。不仅如此，为解决跨相区的对比问题，收集更多新的学术证据，查尔斯·米歇尔教授与我们多次奔赴宜昌地区，考察台地相地层并采集标本。在各国专家竭尽全力为自己国家争夺“金钉子”时，查尔斯·米歇尔教授能够如此客观无私地推荐我国的地层剖面，这在国家利益至上的大环境下是很难得的。他在黄泥塘“金钉子”研究工作中的无私付出，充分体现了“科学家有国籍，但科学没有国界”的现代科学理念，十分值得我们学习。

图 3-4　查尔斯·米歇尔教授在美国纽约州立大学布法罗分校办公室（摄于 2015 年）

回首那些艰难岁月，我感慨颇深。当时为了在最短时间内将中国首颗“金钉子”确立在“三山地区”，同时把研究工作做得扎实漂亮，针对重点层位和剖面，陈旭老师多次领导组织了多学科综合研究，其中多门类系统古生物学的研究占比尤重。除了碎屑岩相地层的笔石研究，南京地质古生物研究所的王志浩研究员还承担起灰岩相地层的牙形刺化石研究。王志浩研究员是国际知名的牙形刺专家，牙形刺是一种在远古时期早已灭绝的海生牙形动物的进食器官，在奥陶系研究中占据重要地位。当时由于研究经费严重不足，步履维艰，但国内众多顶尖地质学专家想方设法创造工作条件，携手并进，打了一场极漂亮的攻坚战。

除了这些优秀的科学家，还有许多默默无闻、无私奉献的村民为“金钉子”的研究提供了宝贵支持，老张便是其中一位。老张家离我们的工作地点不远，我和同事詹仁斌为了节省经费，同时提高工作效率，多次住在老张家，搭伙吃饭、结伴工作。那时我们的野外工作强度很大，营养摄入又严重不足，我和詹仁斌瘦得像竹竿一样。有一天，老张实在看不下去了，破天荒买了条鱼给我们补充营养，他平时可是连鸡蛋都舍不得吃啊！多年以后，在中央电视台的专访中，老张闭口不提“金钉子”工作带给他家的种种不便，反而用质朴的语言深情地回忆起当年我所古生物专家们在这里工作的感人情景。这让我们感慨无限，同时也深刻认识到“金钉子”工作无形之中带给公众的巨大影响力：我们的事业只要是根植于人民、为了人民，就一定能得到人民的支持。

随着“金钉子”的确立，常山县修通了黄泥塘村附近的跨河大桥和直达“金钉子”的公路，还配套修建了公园管理处、气势恢宏的主题广场和颇具江南水乡特色的时光长廊（图 3–5），甚至在剖面背后不远处的水库边开发了幽静的度假山庄。游人参观过“金钉子”剖面后，可以在此稍作休息、游玩垂钓和品尝美食。当年剖面的面貌和我们工作的情景，只能从野外记录本、泛黄的照片和难以磨灭的记忆中才能找到了。

这颗“金钉子”的精彩故事和感人瞬间，虽说只是中国科技发展历史进程中微不足道的花絮和枝节，却从侧面体现了我国科学家坚韧不拔的顽强意志、百折不挠的卓越品质和热忱殷切的爱国情怀！

图 3–5　中奥陶统达瑞威尔阶底界“金钉子”剖面的保护长廊（摄于2019 年）

4. 全新进击

寒武纪距今 5.39 亿—4.85 亿年，是显生宙的开始，也是古生代的第一个纪元。1835 年，英国地质学家亚当·塞奇威克在英国西部的威尔士地区发现一套灰岩地层，于是用威尔士山的旧称“Cambrian Mountain”对其命名，后来科学家们将其译为“寒武纪/系（Cambrian）”，该名称一直沿用至今。

纵观地球历史，寒武纪称得上神秘又壮观。在这个时代，地球生物圈发生了翻天覆地的变化，几乎所有的动物门类在寒武纪早期（距今 5.39 亿—5.30 亿年）突然集中涌现，此后几乎再无新的动物门类产生，这个在动物界空前绝后的爆发式演化现象被称为“寒武纪大爆发（Cambrian Explosion）”（图 4–1）。有学者认为，这个生命演化事件不是一蹴而就的，其前后可能持续了约 5 000 万年。不过相较于动则数亿年的生命演化史而言，这一切都显得太过短暂而不同寻常。这个事件至今仍被国际学术界列为“十大科学难题”之一。“进化论”奠基人达尔文认为，化石记录呈现出的动物多样性在寒武纪似乎是凭空出现的，在此前的地层中无法找到它们连续进化的祖先。这个问题几乎困惑了达尔文的一生，同时也是“进化论”在后来饱受攻讦的原因之一。

寒武纪的生物类群多种多样，生物种类的样貌奇形怪状，生命演化仿佛进入了能够“随意试错”的高速路。但是，这些五花八门的进化路线最终只有极少数被

图 4–1 寒武纪海洋生态系统示意图。寒武纪海洋“巨无霸”奇虾正在捕食猎物

保留下来，逐渐演变为现代生物类群的面貌。对于这些，人们不禁好奇，究竟是什么触发了“寒武纪大爆发”事件？于是，科学家们开始从各个角度进行研究。其中，最重要的就是对寒武纪地层进行细分，因为地层的精细划分与对比工作是一切地质工作的基础，是“打开地质历史大门的一把金钥匙”。

寒武纪是在英国确立的，尽管研究历史十分悠久，但英国的寒武纪地层实际上发育得并不好。瑞典的斯堪的纳维亚地区也有类似的寒武纪地层。所以英国和瑞典长期以来都被认为是寒武纪地层的标准地区。最初，国际上将寒武系划分为三部分：下寒武统、中寒武统、上寒武统，但这样的划分存在很大弊端。由于下寒武统–中寒武统界线、中寒武统–上寒武统界线都选在很不恰当的位置，导致这两条界线很难在全球范围内进行准确对比和应用。而且随着寒武系底界的不断下移，早寒武

世的时间跨度明显拉长，甚至超过了中、晚寒武世两个“世”的总和。因此，唯有对寒武系进行重新划分才能破局。在这里，我按捺不住雀跃的心情，想要跟大家分享另一个精彩故事：全球寒武系首颗“金钉子”暨中寒武统–上寒武统界线——湖南省花垣县排碧阶底界“金钉子”的确立过程。

1980 年夏，炎天暑月，知了都被热哑了嗓子，叫得无精打采。湖南地矿局第四〇五区域地质调查队（简称“区调队”）的陈永安等人正在湖南省花垣县排碧镇进行地质考察，他们是为找矿而来。在排碧镇的飞虫寨，陈永安发现了大片出露很好的石头，剖面长度达 5 000 多米。队员们欣喜若狂，立刻掏出地质锤开始逐层敲石采集。这一敲，就是三个多月。时间一天天过去，矿石没采到多少，倒发现了很多三叶虫化石，足有两吨多。

1981 年，时任区调队队长的张攀华联合陈永安等人，将排碧镇的三叶虫化石发表在《湖南地质》上。这篇文章正好引起了青年古生物学者彭善池的注意。彭善池自 1978 年起就开始了对三叶虫的专门研究，他是我国自主培养的第一位研究三叶虫的博士。当时彭善池正在南京地质古生物研究所读研究生，他读到这篇论文后，立刻动身前往花垣进行考察（图 4–2）。

图 4–2　彭善池（左二）与陈永安（左三）在排碧剖面考察（彭善池供图）

排碧剖面隐在山腰间，地形复杂，人迹罕至。为了敲出更多更精美的三叶虫化石，彭善池和两三位同事直接住进山脚下的一个“小卖部”。他们天不亮就上山敲化石，日落西山很久后才扛着一箱箱化石回“小卖部”。湖南的三叶虫化石是“硬骨头”，因为它们保存在坚硬的石灰岩中，极难敲出，有时忙半天都敲不出几个标本。从 1984 年到 2011 年，彭善池进山无数次，已经记不清具体去过排碧剖面多少趟。他背回来的三叶虫化石有 100 多箱，手上的血泡是好了又起，起了再等好，最终结成厚厚的茧，这些也成为彭善池老师那段艰苦岁月的“遗迹”和见证。

随着对排碧剖面研究的深入，彭善池发现，这里的三叶虫化石种类丰富，保存极为精美，尤其是一种全身布满“皱纹”的小个子三叶虫——“网纹雕球接子”（图 4–3）。它的尺寸最大不过 1 厘米，与传统三叶虫的模样相差甚大。网纹雕球接子在地质历史上生存的年限较短，全球分布广泛，是研究洲际地层对比的绝佳选择。“这里有没有可能成为‘中寒武统 –上寒武统’界线呢？”灵感一闪而过，彭善池意识到，排碧镇的这个剖面，或许藏着一颗“金钉子”！

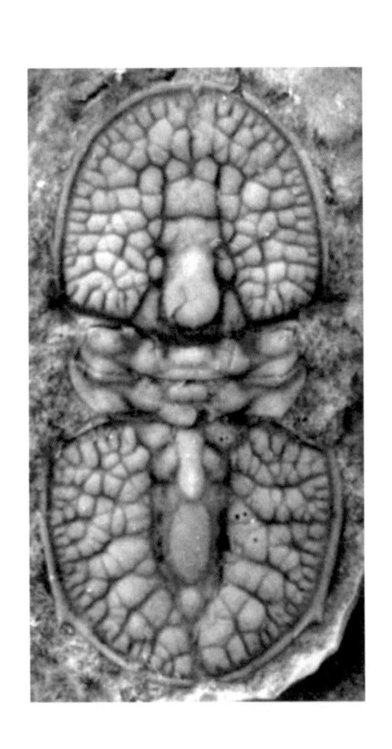

图 4–3　网纹雕球接子（彭善池供图）

一直以来，由于传统寒武系的地层划分方案存在种种弊端，各国科学家对重新划分寒武系的呼声很高。例如，中寒武统–上寒武统的传统界线采用瑞典的标准，以“豆状球接子”的区域性繁盛高峰记录为标志。但这个球接子是区域性物种，瑞典标准因此一直难以在北欧和东阿瓦隆大陆以外的地区应用。为了解决寒武纪年代地层再划分的问题，国际地层委员会寒武系分会从1995年起，先后在摩洛哥、西班牙、加拿大、瑞典、美国、阿根廷、法国和中国举行了多次国际会议，以寻找适合的地层剖面和点位。

其实早在1990年，南京地质古生物研究所即已正式组建以彭善池为首的中寒武统–上寒武统界线“金钉子”攻坚团队，并联合美国堪萨斯大学、俄亥俄州立大学和内华达大学的科学家们，对包括排碧剖面在内的湘西、湘西北诸多地层剖面进行综合研究。10年光阴，一晃而过。经过多学科综合调查和高精度的国际对比，2000年，彭善池提出中寒武统–上寒武统界线的两个新候选定界标准：（1）不以瑞典的豆状球接子繁盛高峰而以“隐匿舌球接子”在地层中的首次出现为新定界标准；（2）以网纹雕球接子在地层中的首次出现为新的定界标准。这两个候选标准中，前者与传统的瑞典界线十分接近，后者虽然与传统界线相差较大，但具有广泛的全球可对比性。上述候选标准一经提出，迅速被国际寒武系地层分会接受，并最终确定以“网纹雕球接子的首现点”作为定界标准。

2001 年夏，在湘西—黔东地区举行的国际寒武系再划分现场会议上，排碧剖面和哈萨克斯坦的基尔萨巴克替剖面被寒武系地层分会确定为中寒武统 – 上寒武统界线的候选层型剖面。但由于我国的排碧剖面交通便利、地层工作精细翔实、标准化石保存精美等诸多原因，哈萨克斯坦最终主动退出这场角逐。中国科学家凭借扎实的研究工作，为“金钉子”最终定在排碧剖面赢得第一场竞争。同年稍晚，中国向国际寒武系地层分会提交排碧剖面的“金钉子”提案报告。由于网纹雕球接子的首现点位显著高于瑞典的传统界线，为避免混乱，以彭善池为首的中美团队决定废弃原来的“上寒武统”一名，将大大缩减后的“上寒武统”命名为“芙蓉统”，将其下部第一个阶命名为“排碧阶”。

2002 年 3 月，以上提案经国际寒武系地层分会选举委员通讯表决，以 82.4% 的支持率获得通过，6 月又经国际地层委员会委员全票表决通过。2003 年，国际地质科学联合会批准把全球寒武系芙蓉统暨排碧阶共同底界的全球界线层型剖面和点位建立在排碧剖面（图 4–4）。自此，寒武系内的首颗“金钉子”落户我国，芙蓉统和排碧阶作为我国学者首次自主创建、以我国地名命名的全球年代地层单位，正式进入《国际年代地层表》。

但故事还没结束。2004 年 9 月，时任国际寒武系地层分会主席的彭善池以我国华南寒武系地层框架为基础提出一个全新的划分方案，将过去的寒武系“三统”

图 4–4　朱学剑老师讲解排碧阶“金钉子”剖面（摄于 2023 年）

划分改为“四统十阶”。2004 年底，国际寒武系地层分会向选举委员发出选票，征求对这一再划分的意见。2005 年初，88% 的国际寒武系地层分会选举委员支持寒武系“四统十阶”方案。自此，已沿用 170 余年的寒武系“三统”方案被推翻，由中国科学家提出的寒武系“四统十阶”的划分方案使用至今。

随着国际地学工作者逐渐认识到中国具有得天独厚的地层古生物资源优势，中国学者通过勤奋努力和智慧所取得的一系列原创性成果也逐步赢得国际同行认可。越来越多的由我国学者自主创立、以我国地名命名的年代地层单位陆续被列入《国际年代地层表》。截至目前，该表已有 10 个以我国地名命名的全球年代地层标准单位，分别是寒武系的苗岭统、芙蓉统、乌溜阶、古丈阶、排碧阶、江山阶，奥陶系的大坪阶，二叠系的乐平统、吴家坪阶、长兴阶。

“‘金钉子’的确立，艰难又漫长。但当看到中国的研究成果成为国际标准的时候，那种成就感和满足感也是无与伦比的！”年近 80 岁的彭善池研究员自豪地说。

三叶虫与球接子

三叶虫最早出现于距今5亿多年前的寒武纪，曾在全球海洋广布，它们种类繁多，身体构造的演变主要取决于生存环境的变化。

在寒武纪早期，三叶虫的头部扁平、胸节多、尾部小，具有类似蜻蜓和苍蝇的复眼，生活方式以浅海底栖爬行或游移为主。

球接子是一类十分特殊的三叶虫，形态奇特，身体小、胸节少，尾部与头部的形状大小相等，而且大部分个体没有眼睛（图4–5）。球接子能够随洋流漂游或附着在海草上漂浮生活。由于其演化迅速且数量众多，分布范围十分广泛，因此球接子类三叶虫常用于全球寒武纪地层的划分对比和年代确定。

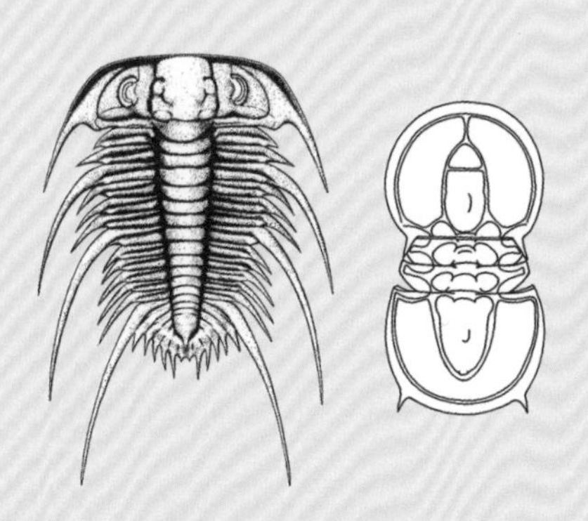

图4–5 常见的多节类三叶虫（左图）和球接子类三叶虫（右图）

5. 硕果累累

中国的“金钉子”硕果累累

孟子曰：“不以规矩，不能成方圆。”追寻“金钉子”就是为地层学确立全球通用的“规矩”或“共同语言”。其付出劳动之多、国际竞争之激烈、国际审查之严格，在地球科学领域是不多见的。以上三个故事只是我国科学家甘坐冷板凳、薪火相传的“掘金”故事的一鳞半爪。其实，每一颗“金钉子”的建立过程都千回百转，其中不乏失败和挫折，但更多的是光荣与梦想。在对国际学术话语权和世界科技制高点的残酷竞争中，我国科学家穿越百年藩篱，以中国智慧和日拱一卒的精神，不断在《国际年代地层表》中嵌入一颗又一颗闪亮的“金钉子”。

全球“金钉子”数量是有限的，不到 120 颗。截至 2023 年 12 月，已有 11 颗地层“金钉子”确立在我国，使我国成为国际上拥有地层“金钉子”数量最多的两个国家之一。从1965年“金钉子”概念提出以来，我国“金钉子”的数量实现了从遥望、追赶、并跑到领跑的一次又一次超越。“金钉子”每增加一颗，就增加一项中国元素，就抢占一个世界科技制高点，就扩大一次中国话语权，体现的不仅仅是我国地质学家对科学的执着追求，也从侧面诠释了我国百折不挠的民族精神。

除前文提及的几个“金钉子”之外，还有下列建立在我国的“金钉子”值得关注。

三叠系印度阶“金钉子”

这是我国第2颗“金钉子”，由中国地质大学殷鸿福院士率领的团队在2001年确立，定义三叠系印度阶的底界。这是二叠系–三叠系的界线，也是古生代和中生代的界线，标准化石是一个牙形刺物种——“微小欣德刺”。这颗“金钉子”位于浙江省长兴县煤山D剖面（图5–1），界线地层以海相碳酸盐岩为主，产出丰富的多门类生物化石，除了牙形刺外，还有菊石、䗴类、鱼类等，完整记录了2.5亿年前后地球历史上规模最大的“生物大灭绝”事件，是了解该段地质时期地球生命演化的绝佳窗口。

图 5-1　三叠系印度阶底界“金钉子”标志碑

二叠系吴家坪阶“金钉子”

这是我国第 4 颗“金钉子”，由中国科学院南京地质古生物研究所金玉玕院士率领的国际团队在 2004 年确立，定义乐平统暨吴家坪阶的共同底界，位于广西壮族自治区来宾市以东约 20 千米的蓬莱滩剖面（图 5-2）。它是世界范围内难得的二叠系海相碳酸盐岩地层剖面。该“金钉子”界线以牙形刺“后彼得克拉克刺后彼得亚种”的首次出现为标志。

图 5–2　位于蓬莱滩岸边的乐平统暨吴家坪阶底界“金钉子”标志碑

二叠系长兴阶“金钉子”

这是我国第 5 颗“金钉子”，定义二叠系乐平统长兴阶的底界，同样是由中国科学院南京地质古生物研究所金玉玕院士率领的国际团队在 2005 年确立。该“金钉子”位于浙江省长兴县的煤山 D 剖面（图 5–3），以一种独特的牙形刺——“王氏克拉克刺”的首次出现为标志。该“金钉子”与三叠系印度阶“金钉子”位于同一剖面。煤山 D 剖面是迄今为止全球仅有的两个“双金”剖面之一，另一个是西班牙北部的苏马亚剖面，是古近系古新统塞兰特阶底界和坦尼特阶底界的“双金”剖面。煤山D剖面由于连续记录了二叠纪末生物大灭绝的详细发生过程，以及同时拥有两颗“金钉子”，在国内外享有很高的知名度。

图5–3　煤山D剖面龙潭组至殷坑组全貌，黄色箭头指示两颗“金钉子”所在位置

奥陶系赫南特阶“金钉子”

这是我国第6颗“金钉子”，由中国科学院南京地质古生物研究所陈旭院士和戎嘉余院士率领的团队在2006年确立。该“金钉子”定义奥陶系赫南特阶的

底界，剖面位于湖北省宜昌市夷陵区的王家湾，标准化石是“异形中间笔石”（图 5–4）。王家湾剖面穿越奥陶系–志留系界线，地层连续，出露完整，虽然厚度不大，但是笔石、腕足动物、三叶虫和海绵等多门类化石保存非常丰富且精美。更为重要的是，王家湾剖面准确记录了显生宙第一次大规模生物灭绝事件——奥陶纪末生物大灭绝。在此次灾难事件中，全球约 80% 的海洋物种灭亡，剩余物种一部分劫后重生，另一部分则演变成新的物种。

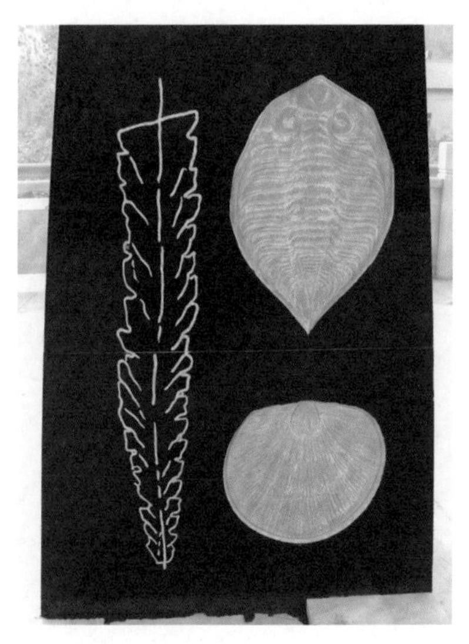

图 5–4　赫南特阶“金钉子”标志碑及主要化石

寒武系古丈阶“金钉子”

这是我国第 7 颗“金钉子”，定义寒武系古丈阶的底界，由中国科学院南京地质古生物研究所彭善池研究员率领的国际团队在 2008 年确立，标准化石是“光滑光尾球接子”。寒武系古丈阶“金钉子”位于湖南省古丈县酉水南岸的罗依溪剖面（图 5–5，图 5–6），界线地层由海相碳酸盐岩组成，产出数量丰富、种类多样的三叶虫化石。这是彭善池团队在湖南省确立的第 2 颗“金钉子”。

图 5–5　古丈阶“金钉子”剖面

图 5–6　寒武系古丈阶底界“金钉子”标志组碑（童光辉供图）

奥陶系大坪阶“金钉子”

这是我国第 8 颗“金钉子”，定义中奥陶统暨大坪阶的共同底界，由中国地质调查局武汉地质调查中心汪啸风研究员率领的国际团队在 2008 年确立，位于湖北省宜昌市的黄花场剖面（图 5–7），标志化石是“三角波罗的牙形刺”。黄花场“金钉子”剖面主要由海相碳酸盐岩和碎屑岩组成，含丰富的多门类化石，产出大量可供洲际地层对比的牙形刺、笔石和几丁虫等化石。

图 5–7　中奥陶统大坪阶“金钉子”剖面

石炭系维宪阶“金钉子”

这是我国第 9 颗“金钉子”，定义石炭系维宪阶的底界，由中国地质科学院地质研究所的侯鸿飞研究员等专家在 2008 年确立，位于广西壮族自治区柳州市北岸乡的碰冲剖面，以“简单古拟史塔夫有孔虫”的首次出现为界线标志（图 5–8）。碰冲“金钉子”剖面主要由海相灰岩地层组成，界线层段除含有连续的有孔虫产出记录外，还产牙形刺、腕足动物、珊瑚等化石。这是继石炭系底界和两个亚系之间界线相继确定后，石炭系内部划分的第 3 颗“金钉子”。根据古拟史塔夫有孔虫谱系演化确定的这一界线，也是国际上首次应用底栖化石定义年代界线。

图 5-8　维宪阶“金钉子”标志碑

寒武系江山阶“金钉子”

这是我国第 10 颗“金钉子”，定义寒武系江山阶的底界，由中国科学院南京地质古生物研究所彭善池研究员率领的国际团队在 2011 年确立，它是该国际团队在我国确立的第 3 颗“金钉子”。江山阶“金钉子”位于浙江省江山市碓边村大豆山脚下，以全球广布的“东方拟球接子”的首次出现为标志（图 5-9）。浙江江山一带的寒武纪地层以海相碳酸盐岩为主，产出丰富的斜坡相三叶虫，还产有少量的牙形刺和腕足动物化石。

图 5-9　寒武系江山阶底界“金钉子”标志碑（朱学剑供图）

寒武系苗岭统暨乌溜阶“金钉子”

这是我国第 11 颗“金钉子”，由以贵州大学赵元龙教授为首的国际团队在 2018 年确立。这颗“金钉子”历经多轮激烈的国际竞争，以及长达 35 年的多学科综合研究才最终花落贵州，十分不易。它定义了寒武系苗岭统暨乌溜阶的共同底界，位于贵州省剑河县革东镇八郎村的乌溜—曾家崖剖面，以“印度掘头虫”的首现为标志（图 5–10）。“苗岭统”取名于贵州中部的苗岭山脉，而“乌溜阶”则取名于八郎村乌溜—曾家崖山脊西北部的一段地名。随着这颗“金钉子”的落地，我国一跃成为“金钉子”数量最多的国家之一。

图 5–10　乌溜阶“金钉子”剖面（杨兴莲供图）

科学家寄语

张元动

记录地球演化历史的地层就像一本“天书”，篇章不同，故事迥异，但又前后衔接、相互连贯。每个篇章结束和新篇章开启的时间节点就是“金钉子”，它在全球只有一个，隐藏在世界的神秘角落，需要大家共同寻找。古生物学起源于英国，对于中国科学家而言，一百年要走过西方国家三四百年的道路，唯有砥砺奋进、只争朝夕。中国的地层学研究要力争更多的“金钉子”落户中国，抢占更多的科技制高点，希望更多的有志青年勇于投身我国的地层古生物事业！